U0348168

华东两栖爬行类多样性保护研究系列

Herpetological Biodiversity Conservation Research Series in East China

遂昌县两栖爬行动物图鉴

Atlas of Amphibians and Reptiles in Suichang County

余水生　张川英　丁国骅　龚笑飞　主编

中国农业科学技术出版社

图书在版编目（CIP）数据

遂昌县两栖爬行动物图鉴 / 余水生等主编 . -- 北京：
中国农业科学技术出版社，2023.5
ISBN 978-7-5116-6224-8

Ⅰ.①遂…　Ⅱ.①余…　Ⅲ.①两栖动物－遂昌县－图集
②爬行纲－遂昌县－图集　Ⅳ.① Q959.5-64 ② Q959.6-64

中国国家版本馆（CIP）数据核字（2023）第 043097 号

责任编辑	张志花
责任校对	李向荣
责任印制	姜义伟　王思文

出 版 者	中国农业科学技术出版社
	北京市中关村南大街 12 号　　邮编：100081
电　　话	（010）82106636（编辑室）（010）82109702（发行部）
	（010）82109709（读者服务部）
网　　址	https://castp.caas.cn
经 销 者	各地新华书店
印 刷 者	北京中科印刷有限公司
开　　本	170 mm×240 mm　1/16
印　　张	13.25
字　　数	155 千字
版　　次	2023 年 5 月第 1 版　2023 年 5 月第 1 次印刷
定　　价	128.00 元

◆版权所有·侵权必究▶

《遂昌县两栖爬行动物图鉴》

编委会

主　编： 余水生　张川英　丁国骅　龚笑飞

副主编： 郑伟成　潘江炎　林少波　翁振明　缪国军
　　　　吴延庆　陈静怡　朱滨清　马　力　胡华丽
　　　　钟俊杰　陈智强　谢温琦

编　委： 钟建军　唐敏俊　潘　军　钟美娟　李　烨
　　　　邱伟清　曹　华　毛海波　龚征宇　张池莹
　　　　王紫颖　冯　磊　王　宇　武妍锟　项姿勇
　　　　郝嘉俊　向静雯　楼璐萍

照片提供（按提供照片数量排序）：
　　　　朱滨清　丁国骅　吴延庆　马　力　高　凡
　　　　陈浩骏　陈静怡　陈巧尔　苏以吉

内容简介
CONTENT SUMMARY

　　本书立足于森林覆盖率达 83.47%、总面积达 2539 km^2 的钱塘江和瓯江的源头——丽水遂昌。该县拥有华东近乎唯一的原始森林，以及最早以县命名的森林公园，是华东地区生物多样性关键区域之一，也是国家生态文明建设示范县。本书根据丽水学院两栖动物多样性调查实验室成员近几年的野外调查记录以及过往的书籍记载，对遂昌县常见的两栖动物和爬行动物进行更新并汇总，共计收录两栖动物 36 种，爬行动物 59 种，从物种个体的鉴别特征、生境与习性、世界自然保护联盟的濒危保护等级等对遂昌常见的两栖动物和爬行动物进行介绍，重点突出每个物种的形态特征，并为每个物种附上高清的鉴别图，便于两栖爬行动物爱好者和从事相关专业的工作者在遂昌县野外调查中进行鉴定参考。

目 录
CONTENTS

第一部分　两栖纲 AMPHIBIA

一、有尾目 Caudata

二、无尾目 Anura

第二部分 爬行纲 REPTILIA

一、龟鳖目 Testudoformes

二、有鳞目 Squamata

蜥蜴亚目 Sauria

第一部分
两栖纲
AMPHIBIA

一、有尾目 Caudata

（一）隐鳃鲵科 Cryptobranchidae

01. 中国大鲵 *Andrias davidianus*

[鉴别特征] 体大；头躯扁平，尾侧扁；眼小，无眼睑，体侧有明显的与体轴平行的纵行厚肤褶；每 2 个小疣粒紧密排列成对。

[生境与习性] 生活于海拔 200～1500 m 山区的溪流深潭或地下溶洞中；食性广；繁殖期为 7—9 月。

[濒危和保护等级] 极危（CR），国家二级保护动物（仅限野生种群）。

（二）蝾螈科 Salamandridae

02. 黑斑肥螈 *Pachytriton brevipes*

[鉴别特征] 皮肤光滑；唇褶明显；体肥硕，背腹面略扁平；背面及两侧青黑或棕褐色，周身满布深色圆斑。

[生境与习性] 生活于海拔 800~1700 m 山区较为陡峭的小溪内；主要捕食蜉蝣目、鳞翅目、双翅目、鞘翅目等昆虫及其他小动物；繁殖期为 5—8 月。

[濒危和保护等级] 无危（LC），浙江省重点保护野生动物。

（二）蝾螈科
Salamandridae

03. 中国瘰螈
Paramesotriton chinensis

[鉴别特征] 背面有 1 条浅色脊纹或无；腹面色深有浅色斑；吻长与眼径几等长；雄螈尾侧无斑；指、趾无缘膜。

[生境与习性] 生活于海拔 30~850 m 丘陵山区较为宽阔的流溪中，水流较为缓慢，溪内多有小石和泥沙；以螺类为主食；繁殖期为 5—6 月。

[濒危和保护等级] 近危（NT），浙江省重点保护野生动物。

（二）蝾螈科 Salamandridae

04. 东方蝾螈 *Cynops orientalis*

[鉴别特征]体型较小，体背面黑色显蜡样光泽，一般无斑纹；腹面橘红色或朱红色，其上有黑斑点。

[生境与习性]生活于海拔 30~1000 m 的山区；主要捕食蚊蝇幼虫、蚯蚓及其他水生小动物；繁殖期为 3—7 月。

[濒危和保护等级]近危（NT），浙江省重点保护野生动物。

二、无尾目 Anura

（三）角蟾科 Megophryidae

05. 福建掌突蟾 *Leptobrachella liui*

[鉴别特征] 趾侧均具缘膜；腹面无斑或略显小云斑；股腺大而明显，距膝关节远；其间距远大于吻长；趾侧缘膜甚宽；蝌蚪尾部略显浅灰色斑或无斑。

[生境与习性] 生活于海拔 330～1600 m 的山区流溪附近；以鳞翅目、鞘翅目、膜翅目等昆虫及其他小动物为食；繁殖期为 6—8 月。

[濒危和保护等级] 无危（LC）。

（三）角蟾科 Megophryidae

06. 崇安髭蟾
Leptobrachium liui

【鉴别特征】体型较大，繁殖季节雄蟾上唇缘一般有黑色角质刺 2 枚或 4 枚；有单咽下内声囊。

【生境与习性】生活于海拔 800~1600 m 林木繁茂的山区；繁殖期为 11—12 月。

【濒危和保护等级】近危（NT），浙江省重点保护野生动物。

（三）角蟾科 Megophryidae

07. 淡肩角蟾 *Panophrys boettgeri*

[**鉴别特征**]本种与小角蟾相似。淡肩角蟾背面肩部有大的浅色半圆斑。

[**生境与习性**]生活于海拔 330~1600 m 的山区溪流附近；以鳞翅目、鞘翅目、膜翅目等昆虫及其他小动物为食；繁殖期为 6—8 月。

[**濒危和保护等级**]无危（LC）。

（三）角蟾科 Megophryidae

08. 丽水角蟾 *Panophrys lishuiensis*

[鉴别特征] 体背部具"X"形斑块，或"X"形斑中间断开，色斑粗，边缘清晰且镶浅色边；头背三角形斑与体背斑块不相连；雄性肩部具不显著的浅色半圆斑。

[生境与习性] 栖息于海拔 900～1200 m 的小型溪流；繁殖期为 4—8 月。

[濒危和保护等级] 未予评估（NE）。

（四）蟾蜍科 Bufonidae

09. 中华蟾蜍 *Bufo gargarizans*

[**鉴别特征**] 体肥大，皮肤很粗糙，背面布满圆形瘰疣；体腹面深色斑纹很明显，腹后部有 1 个深色大斑块。

[**生境与习性**] 生活于海拔 120～4300 m 的多种生态环境中；以昆虫、蜗牛、蚯蚓及其他小动物为食；繁殖期为 1—6 月。

[**濒危和保护等级**] 无危（LC）。

（四）蟾蜍科 Bufonidae

10. 黑眶蟾蜍 *Duttaphrynus melanostictus*

[**鉴别特征**] 吻棱及上眼睑内侧黑色骨质棱明显；鼓膜大而显著；有鼓上棱，耳后腺不紧接眼后；雄蟾有内声囊。

[**生境与习性**] 生活于海拔 10~1700 m 的多种生态环境中；常在灯光下捕食害虫，食性广；繁殖期为 7—8 月。

[**濒危和保护等级**] 无危（LC）。

（五）雨蛙科 Hylidae

11. 中国雨蛙 *Hyla chinensis*

[**鉴别特征**] 眼后鼓膜上、下方棕色细线纹在肩部汇合成三角形斑；体侧、股前后方有大小不等的黑斑点。

[**生境与习性**] 生活于海拔 200～1000 m 低山区；捕食蝽、金龟子、象鼻虫、蚁类等小动物；繁殖期为 4—5 月。

[**濒危和保护等级**] 无危（LC），浙江省重点保护野生动物。

（五）雨蛙科 Hylidae

12. 三港雨蛙 *Hyla sanchiangensis*

[**鉴别特征**] 眼前下方至口角有 1 块明显的灰白斑，眼后鼓膜上、下方 2 条深棕色线纹在肩部不汇合；体侧后段、股前后、胫腹面有黑棕色斑点。

[**生境与习性**] 生活于海拔 500~1560 m 的山区稻田及其附近；以叶甲、金龟子、蚁类以及高秆作物上的多种害虫为食；繁殖期为 4—5 月。

[**濒危和保护等级**] 无危（LC），浙江省重点保护野生动物。

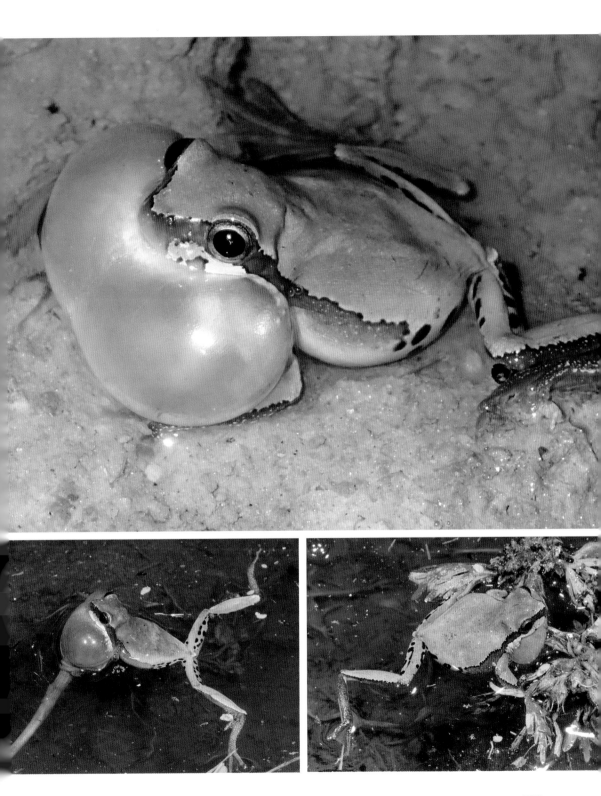

（六）蛙科 Ranidae

13. 崇安湍蛙 *Amolops chunganensis*

[鉴别特征] 体小；吻较长，约为体长的15%；第三指吸盘小于鼓膜；颞褶不显；背侧褶较窄。

[生境与习性] 生活于海拔 700~1800 m 林木繁茂的山区；繁殖期为 5—8 月。

[濒危和保护等级] 无危（LC），浙江省重点保护野生动物。

（六）蛙科 Ranidae

14. 华南湍蛙 *Amolops ricketti*

【鉴别特征】有犁骨齿；雄性第一指具粗壮的乳白色婚刺，无声囊。

【生境与习性】生活于海拔 410~1500 m 的山溪内或其附近；捕食蝗虫、蟋蟀、金龟子等多种昆虫及其他小动物；繁殖期为 5—6 月。

【濒危和保护等级】无危（LC）。

（六）蛙科 Ranidae

15. 武夷湍蛙 *Amolops wuyiensis*

[鉴别特征] 无犁骨齿；雄蛙第一指上具棕黑色婚刺，有 1 对咽侧下内声囊。

[生境与习性] 生活于海拔 100~1300 m 较宽的流溪内或其附近；捕食昆虫、小螺等小动物；繁殖期为 5—6 月。

[濒危和保护等级] 无危（LC）。

（六）蛙科 Ranidae

16. 弹琴蛙 *Nidirana adenopleura*

[**鉴别特征**] 第二、第三指内外侧缘膜明显；趾间具半蹼，第四趾外侧蹼几乎达到第二关节下瘤；指端膨大，一般均有腹侧沟；雄蛙有肩上腺。

[**生境与习性**] 生活于海拔 30~1800 m 山区的梯田、水草地、水塘；以多种昆虫、蚂蟥、蜈蚣等为食；繁殖期为 4—7 月。

[**濒危和保护等级**] 无危（LC）。

（六）蛙科 Ranidae

17. 天台粗皮蛙 *Glandirana tientaiensis*

[鉴别特征] 第二、第三指内外侧缘膜明显；趾间具半蹼，第四趾外侧蹼几乎达到第二关节下瘤；指端膨大，一般均有腹侧沟；雄蛙有肩上腺。

[生境与习性] 生活于海拔 30～1800 m 山区的梯田、水草地、水塘；以多种昆虫、蚂蟥、蜈蚣等为食；繁殖期为 4—7 月。

[濒危和保护等级] 无危（LC）。

（六）蛙科 Ranidae

18. 沼水蛙 *Hylarana guentheri*

[**鉴别特征**] 指端没有腹侧沟；雄蛙前肢基部有肱腺；有 1 对咽侧下外声囊。蝌蚪体背、腹面均无腺体。

[**生境与习性**] 生活于海拔 1100 m 以下的平原或丘陵和山区；捕食以昆虫为主，还觅食蚯蚓、田螺以及幼蛙等；繁殖期为 5—6 月。

[**濒危和保护等级**] 无危（LC），浙江省重点保护野生动物。

（六）蛙科 Ranidae

19. 阔褶水蛙 *Hylarana latouchii*

[鉴别特征] 背侧褶宽厚，其宽度大于或等于上眼睑宽，褶间距窄；颌腺甚明显。

[生境与习性] 生活于海拔 30~1500 m 的平原、丘陵和山区；主要捕食昆虫和其他小动物；繁殖期为 3—5 月。

[濒危和保护等级] 无危（LC）。

（六）蛙科 Ranidae

20. 小竹叶蛙 *Odorrana exiliversabilis*

[鉴别特征] 体型小；头部适中，不显窄长；吻部不呈盾状；吻端钝圆，略突出下唇；趾间全蹼，蹼缘凹陷较深，第一、第五趾外侧线所形成的夹角小于 90°；雄蛙前臂较细，其宽约为前臂及手长的 18%；背侧褶细窄。

[生境与习性] 生活于海拔 600~1525 m 的森林茂密的山区。繁殖期不详。

[濒危和保护等级] 近危（NT）。

（六）蛙科 Ranidae

21. 大绿臭蛙 *Odorrana graminea*

[**鉴别特征**] 体背面纯绿色，有背侧褶，雌蛙成体明显大于雄蛙，雄蛙咽侧有外声囊 1 对。

[**生境与习性**] 生活于海拔 450~1200 m 森林茂密的大中型山溪及其附近；繁殖期为 5—6 月。

[**濒危和保护等级**] 无危（LC），浙江省重点保护野生动物。

（六）蛙科 Ranidae

22. 天目臭蛙 *Odorrana tianmuii*

[**鉴别特征**] 身体背面颜色变异大，多为鲜绿色；四肢背面浅褐色横纹宽窄不一，胫部横纹 4 条或 5 条；雄性具 1 对咽侧下外声囊，背面有肉粉色雄性线，第一指具乳白色婚垫。

[**生境与习性**] 生活于海拔 200~800 m 丘陵山区的流溪中；繁殖期为7 月。

[**濒危和保护等级**] 无危（LC），浙江省重点保护野生动物。

（六）蛙科 Ranidae

23. 凹耳臭蛙 *Odorrana tormota*

[**鉴别特征**]背侧褶明显；鼓膜明显凹陷，雄蛙的几乎深陷成一外听道；有1对咽侧下外声囊。

[**生境与习性**]生活于海拔150～700 m的山溪附近；繁殖期为4—5月。

[**濒危和保护等级**]易危（VU），浙江省重点保护野生动物。

（六）蛙科 Ranidae

24. 金线侧褶蛙 *Pelophylax plancyi*

[鉴别特征] 背侧褶最宽处与上眼睑等宽；大腿后部云斑少，有清晰的黄色与酱色纵纹；雄蛙有 1 对咽侧内声囊。

[生境与习性] 生活于海拔 50~200 m 稻田区的池塘内；食性广，昼伏夜出；繁殖期为 4—6 月。

[濒危和保护等级] 无危（LC）。

（六）蛙科 Ranidae

25. 黑斑侧褶蛙 *Pelophylax nigromaculatus*

[**鉴别特征**] 背侧褶金黄色、浅棕色或黄绿色；自吻端沿吻棱至颞褶处有 1 条黑纹。

[**生境与习性**] 生活于平原或丘陵的水田、池塘、湖沼区及海拔 2200 m 以下的山地；食性广，昼伏夜出；繁殖期为 3—4 月。

[**濒危和保护等级**] 近危（NT）。

（六）蛙科 Ranidae

26. 镇海林蛙 *Rana zhenhaiensis*

[**鉴别特征**]体型相对较小；背侧褶在鼓膜上方略弯；雄蛙婚垫灰色，基部不明显分为两团。

[**生境与习性**]生活于近海平面至海拔 1800 m 的山区；以多种昆虫及其他小动物为食；繁殖期为 12 月到翌年 4 月。

[**濒危和保护等级**]无危（LC）。

（七）叉舌蛙科 Dicroglossidae

27. 虎纹蛙 *Hoplobatrachus chinensis*

[鉴别特征] 体背面粗糙，多为黄绿色或灰棕色，散有不规则的深绿褐色斑纹；下颌前侧方有 2 个骨质齿状突；鼓膜明显；雄蛙声囊内壁黑色。

[生境与习性] 生活于海拔 20~1120 m 的山区、平原、丘陵地带的稻田、鱼塘、水坑和沟渠内；以昆虫、蝌蚪、小蛙及小鱼等为食；繁殖期为 3—8 月中旬。

[濒危和保护等级] 濒危（EN），国家二级保护动物（仅限野生种群）。

（七）叉舌蛙科 Dicroglossidae

28. 泽陆蛙 *Fejervarya multistriata*

[**鉴别特征**] 背部皮肤粗糙，体背面有数行长短不一的纵肤褶；上、下唇缘有棕黑色纵纹，四肢背面各节有棕色横斑 2~4 条；第五趾无缘膜或极不明显；雄蛙有单咽下外声囊。

[**生境与习性**] 生活于平原、丘陵和海拔 2000 m 以下山区的稻田、沼泽、水塘、水沟等静水域或其附近的旱地草丛；繁殖期为 4—9 月。

[**濒危和保护等级**] 无危（LC）。

（七）叉舌蛙科 Dicroglossidae

29. 福建大头蛙 *Limnonectes fujianensis*

[**鉴别特征**] 雄性头大，眼后和颞褶上方有 1 条明显的长腺褶；背面大疣多，呈圆形或长圆形；趾间约为半蹼。

[**生境与习性**] 生活于海拔 600~1100 m 的山区；成蛙常栖息于路边和田间排水沟的小水坑内；繁殖期较长，5 月可见卵群、幼期和变态期蝌蚪及幼蛙。

[**濒危和保护等级**] 无危（LC）。

（七）叉舌蛙科 Dicroglossidae

30. 九龙棘蛙 *Quasipaa jiulongensis*

[**鉴别特征**]体背面两侧各有4~
5个黄色斑点，排列成纵行；体
腹部有褐色虫纹斑；胫跗关节前
达吻端；雄性胸部锥状角质刺大
而稀疏。

[**生境与习性**]生活于海拔800~
1200 m山区的小型溪流中，溪
旁树木茂密；以昆虫、小蟹及其
他小动物为食；繁殖期大致在活
动频繁期间。

[**濒危和保护等级**]易危（VU），浙江省重点保护野生动物。

（七）叉舌蛙科 Dicroglossidae

31. 棘胸蛙 *Quasipaa spinosa*

[鉴别特征] 体型甚肥硕；胸部每个肉质疣上仅 1 枚小黑刺；体侧无刺疣，背面、体侧皮肤不十分粗糙。

[生境与习性] 生活于海拔 600～1500 m 林木繁茂的山溪内；以昆虫、溪蟹、蜈蚣、小蛙等为食；繁殖期为 5—9 月。

[濒危和保护等级] 易危（VU），浙江省重点保护野生动物。

（八）树蛙科 Rhacophoridae

32. 布氏泛树蛙 *Polypedates braueri*

[鉴别特征] 头部较宽，内跖突大；头部皮肤与头骨分离或部分相连。

[生境与习性] 生活于稻田、草丛或泥窝内，或在田埂石缝以及附近的灌木、草丛中；食性广；繁殖期为 4—8 月。

[濒危和保护等级] 无危（LC）。

（八）树蛙科 Rhacophoridae

33. 大树蛙 *Zhangixalus dennysi*

[**鉴别特征**] 背面绿色，其上一般散有不规则的少数棕黄色斑点，体侧多有成行的乳白色斑点或缀连成乳白色纵纹；前臂后侧及跗部后侧均有 1 条较宽的白色纵线纹，分别延伸至第四指和第五趾外侧缘。

[**生境与习性**] 生活于海拔 80~800 m 的山区树林里或附近的田边、灌木及草丛中；以金龟子、叩头虫、蟋蟀等多种昆虫及其他小动物为食；繁殖期为 4—5 月。

[**濒危和保护等级**] 无危（LC），浙江省重点保护野生动物。

（九）姬蛙科 Microhylidae

34. 北仑姬蛙 *Microhyla beilunensis*

[**鉴别特征**] 体背褐色或灰褐色，具有浅褐色边缘的深褐色斑纹；趾端钝圆，除第一趾外均具吸盘和纵沟；体背、体后腹面、泄殖腔区及后肢具痣粒。

[**生境与习性**] 生活于海拔 1400 米的山区、水坑、池塘及邻近的草丛、地洞和泥坑；繁殖期为 3—4 月。

[**濒危和保护等级**] 数据缺乏（DD）。

（九）姬蛙科 Microhylidae

35. 饰纹姬蛙 *Microhyla fissipes*

[**鉴别特征**] 趾间具蹼迹；指、趾末端圆而无吸盘及纵沟；背部有两个前后相连续的深棕色"∧"形斑，或者两个"∧"形斑上下连接排列。

[**生境与习性**] 生活于海拔 1400 m 以下的平原、丘陵、草丛和山地的泥窝或土穴内；以蚁类为食；繁殖期为 3—8 月。

[**濒危和保护等级**] 无危（LC）。

（九）姬蛙科 Microhylidae

36. 小弧斑姬蛙 *Microhyla heymonsi*

[**鉴别特征**] 背腹面皮肤光滑，背面散有细痣粒；在背部脊线上有 1 对或 2 对黑色弧形斑。

[**生境与习性**] 生活于海拔 70~1500 m 的山区稻田、水坑边、沼泽泥窝、土穴或草丛中；以昆虫和蛛形纲等小动物为食；繁殖期为 5—6 月，部分地区可到 9 月。

[**濒危和保护等级**] 无危（LC）。

第二部分

爬行纲
REPTILIA

龟科 Tesudinidae
鳖科 Trionychidae
壁虎科 Gekkonidae
蜥蜴科 Lacertidae
石龙子科 Scincidae
蛇蜥科 Anguidae
蝰科 Viperidae
眼镜蛇科 Elapidae
钝头蛇科 Pareidae
水蛇科 Homalopsidae
游蛇科 Colubridae
两头蛇科 Calamariidae
水游蛇科 Natricidae
斜鳞蛇科 Pseudoxenodontidae
剑蛇科 Sibynophiidae
闪鳞蛇科 Xenopeltidae

一、龟鳖目 Testudoformes

（一）龟科 Tesudinidae

01. 中华草龟 *Mauremys reevesii*

[**鉴别特征**] 背甲棕褐色，具有 3 条纵棱，每个盾片均有黑褐色斑块；吻端向内侧下方斜切；下颚左右齿骨间交角小于 90°。

[**生境与习性**] 生活于江河、湖沼或池塘中；以蠕虫、螺类、鱼虾为食；繁殖期为 4 月下旬至 8 月。中华草龟的孵化性别由温度决定。

[**濒危和保护等级**] 濒危（EN），国家二级保护动物（仅限野生种群）。

（一）龟科 Tesudinidae

02. 中华花龟 *Mauremys sinensis*

[鉴别特征] 头及四肢呈栗色，有40条左右的黄色细线纹从吻端沿头的背、腹面向颈部延伸；咽部有黄色的圆形花纹；腹部淡棕黄色；背甲和腹甲以骨缝相连。

[生境与习性] 生活于低海拔的池塘、运河、缓流中；以黄瓜、菠萝、番茄等植物为食；繁殖期为4月前后。

[濒危和保护等级] 濒危（EN），国家二级保护动物（仅限野生种群）。

（一）龟科 Tesudinidae

03. 平胸龟 *Platysternon megacephalum*

[鉴别特征] 头、背甲、四肢及尾背均为棕红色、棕橄榄色；头大，不能缩入壳内；头背具有深棕色细线纹，覆以整块完整的盾片；头侧眼后及颚缘有棕黑色纵纹。

[生境与习性] 生活于海拔300~1700 m山区多石的浅溪中；以肉螺、鱼、蠕虫等为食；擅长爬行，性情凶猛；繁殖期为6—9月。

[濒危和保护等级] 极危（CR），国家二级保护动物（仅限野生种群），浙江省重点保护野生动物。

（二）鳖科 Trionychidae

04. 中华鳖 *Pelodiscus sinensis*

[**鉴别特征**] 体色为青灰色、橄榄褐色；腹部乳白色，有灰黑色排列规则的斑块；无角质盾片；吻端具有肉质吻突；腹部有7个胼胝体。

[**生境与习性**] 生活于江河、湖沼、池塘、水库等水流平缓、鱼虾繁生的淡水水域以及大山溪中；食性广，为杂食性动物；繁殖期为4—8月。

[**濒危和保护等级**] 濒危（EN）。

二、有鳞目 Squamata　蜥蜴亚目 Sauria

（三）壁虎科 Gekkonidae

05. 铅山壁虎 *Gekko hokouensis*

[**鉴别特征**] 体背灰棕色，有深褐色斑，颈及躯干背面形成 5~6 条横斑；从吻端至耳孔有 1 条黑色纵纹；指、趾间具蹼迹；体背粒鳞较小，疣鳞显著大于粒鳞；前臂和小腿无疣鳞；尾基肛疣每侧 1 个。

[**生境与习性**] 生活于砖石、草堆下，建筑物的缝隙或洞中；以鳞翅目、双翅目昆虫及蜘蛛为食；繁殖期为 5—7 月。

[**濒危和保护等级**] 无危（LC）。

（三）壁虎科 Gekkonidae

06. 多疣壁虎 *Gekko japonicus*

[鉴别特征]体背灰棕色；指、趾间具蹼迹；体背粒鳞较小，疣鳞显著大于粒鳞；前臂和小腿有疣鳞；尾基部肛疣多数每侧 3 个。

[生境与习性]生活于建筑物的缝隙及岩缝、石下、树下或草堆、柴堆中；以蛾子、蚊类为食；繁殖期为 5—7 月。

[濒危和保护等级]无危（LC）。

（四）蜥蜴科 Lacertidae

07. 北草蜥 *Takydromus septentrionalis*

[**鉴别特征**] 体背棕绿色，起棱大鳞通常 6 行；腹面灰白色或灰棕色，腹鳞 8 行且起鳞；尾长为头长的 2~3 倍以上；体侧有不规则的深色斑。

[**生境与习性**] 生活于海拔 400~1700 m 的山坡；以昆虫、蜘蛛等节肢动物和软体动物为食；繁殖期为 5—8 月。

[**濒危和保护等级**] 无危（LC）。

（四）蜥蜴科 Lacertidae

08. 崇安草蜥 *Takydromus sylvaticus*

[**鉴别特征**] 体背暗绿色，背鳞较小，仅略大于侧鳞，不呈明显纵行；腹面色浅，体侧有1白色纵纹；有3对鼠蹊孔。

[**生境与习性**] 生活于溪流附近的灌木和草丛中。

[**濒危和保护等级**] 无危（LC），浙江省重点保护野生动物。

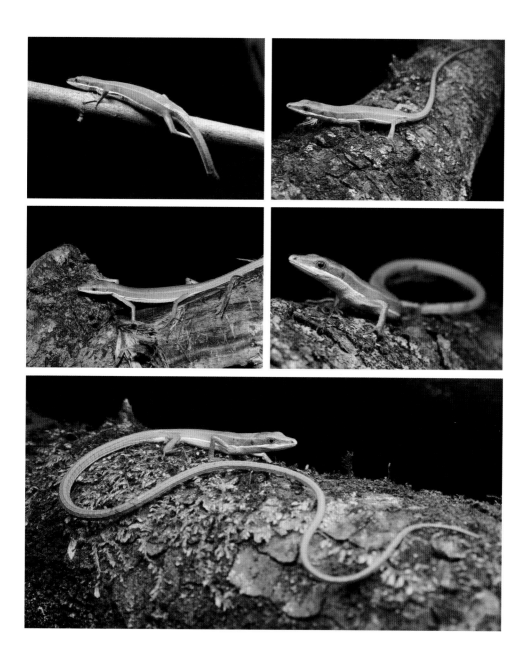

（五）石龙子科 Scincidae

09. 中国石龙子 *Plestiodon chinensis*

[**鉴别特征**] 成体背面橄榄色；体较粗壮，背部有 5 条浅色纵线，背中部 1 条在头部不分叉；有上鼻鳞，无后鼻鳞；背面和腹面散布浅色斑点；幼体背面黑色，具 3 条浅黄纵线，尾浅蓝色。

[**生境与习性**] 生活于海拔 1000 m 以下的山区和平原耕地、住宅附近、公路旁边的草丛或树下的杂草中；食性广，如食蚯蚓等环节动物，蝗虫等节肢动物，还有小蛙、北草蜥等脊椎动物；繁殖期为 5—7 月。

[**濒危和保护等级**] 无危（LC）。

（五）石龙子科 Scincidae

10. 蓝尾石龙子 *Plestiodon elegans*

[**鉴别特征**] 幼体背面棕黑色，有 5 条浅铜褐色线纹，尾末端蓝色；成体雄性背面棕黑色，雌性背面色深暗。有上鼻鳞；无后鼻鳞；后颈鳞 1 枚；颈鳞 1 对；股后有一团大鳞。

[**生境与习性**] 生活于海拔 100~2000 m 的山区路边草丛、石缝或树林下溪边乱石堆杂草中；食性广，多以昆虫为食；繁殖期为 3—8 月。

[**濒危和保护等级**] 无危（LC）。

（五）石龙子科 Scincidae

11. 股鳞蜓蜥 *Sphenomorphus incognitus*

[鉴别特征] 头背和体背橄榄褐色，具密集的黑色斑点；从眼后沿颈部和体侧有密集的黑点与灰点相间组成的深色条纹；无上鼻鳞；下眼睑被细鳞；有 2 枚大型肛前鳞；股后外侧有一团大鳞。

[生境与习性] 生活于海拔 600~2000 m 的杂草地区或砾石与杂草交错的地区；以昆虫为食；繁殖期为 8—9 月。

[濒危和保护等级] 无危（LC）。

（五）石龙子科 Scincidae

12. 铜蜓蜥 *Sphenomorphus indicus*

[鉴别特征] 背面古铜色，背脊部有 1 条断断续续的黑脊纹，两侧的褐色斑点缀连成行。纵带上缘镶以浅色窄纵纹；环体中段鳞一般 34~38 行，第四趾趾下鳞 16~22 枚。

[生境与习性] 生活于海拔 2000 m 以下的平原或山地阴湿的草丛中，荒石堆或有裂缝的石壁处；食性广，如食昆虫、蜘蛛、鼠妇等；繁殖期为 8 月。

[濒危和保护等级] 无危（LC）。

（五）石龙子科 Scincidae

13. 宁波滑蜥 *Scincella modesta*

[鉴别特征] 背面古铜色或黄褐色，密布不规则的黑色斑点或线纹；背鳞为体侧鳞宽的 2 倍，环体中段鳞 26～30 行；第四趾趾下瓣 10～16 枚；侧纵纹上缘波状，下缘不规则。

[生境与习性] 生活于海拔 50～2000 m 的溪边卵石间和草丛下的石缝中；以昆虫、蜘蛛、蚯蚓等为食；繁殖期为 5—8 月。

[濒危和保护等级] 无危（LC），浙江省重点保护野生动物。

（六）蛇蜥科 Anguidae

14. 脆蛇蜥 *Dopasia harti*

[**鉴别特征**] 体背通常浅褐色；雄性体背中线两侧有 17~20 条不对称的翡翠色横纹及玛瑙色、黑色斑点，侧沟背缘的深色纵纹自腹侧延伸至尾端。

[**生境与习性**] 生活于海拔 300~800 米的山林、草丛中，菜园、茶园的土中或大石下；以蚯蚓、蜗牛、小蠕虫和昆虫为食；繁殖期为 5—6 月。

[**濒危和保护等级**] 濒危（EN），国家二级保护动物（仅限野生种群），浙江省重点保护野生动物。

蛇亚目 Serpentes

（七）蝰科 Viperidae

15. 尖吻蝮 *Deinagkistrodon acutus*

[**鉴别特征**] 管牙类毒蛇；背面棕黑色，头侧土黄色，体背棕褐色，具有灰白色大方形斑块 17~19 个，斑块边缘色深；腹面乳白色；咽喉部有排列不规则的小黑点，腹部中央和两侧有大黑斑。

[**生境与习性**] 生活于海拔 100~1400 m 的山区、丘陵，栖于山谷溪流边的岩石、草丛、树根下；以社鼠、犬足鼠、黄鼬及棘胸蛙为食；繁殖期为 4—5 月；卵生。

[**濒危和保护等级**] 濒危（EN），浙江省重点保护野生动物。

（七）蝰科 Viperidae

16. 台湾烙铁头蛇 *Ovophis makazayazaya*

[鉴别特征] 管牙类毒蛇；体背棕褐色，背部中线两侧有并列的暗褐色斑纹；头呈三角形，头长约为其宽的 1.5 倍，左右两眼上鳞之间一横排上有小鳞 14~16 片；腹部灰褐色。

[生境与习性] 生活于海拔 80~2200 m 的丘陵及山区，栖于竹林、灌丛、溪边、茶山、耕地；以蛙、蜥蜴、鼠、鸟为食；繁殖期为 4—6 月；卵生。

[濒危和保护等级] 近危（NT）。

（七）蝰科 Viperidae

17. 原矛头蝮 *Protobothrops mucrosquamatus*

[鉴别特征] 管牙类毒蛇；通身黄褐色或棕褐色，头侧有颊窝；头呈三角形，头背都是小鳞，背脊有 1 行粗大的波浪状暗紫色斑，只有鼻间鳞与眶上鳞略大。

[生境与习性] 生活于海拔 80~2200 m 的丘陵、山区，栖于竹林、灌丛、茶林、耕地、草丛等；以鸟、鼠、蛇、蛙和食虫目动物为食；繁殖期为 7—8 月；卵生。

[濒危和保护等级] 无危（LC）。

（七）蝰科 Viperidae

18. 福建竹叶青蛇 *Trimeresurus stejnegeri*

[**鉴别特征**]管牙类毒蛇；身体绿色，尾背及尾尖呈焦红色；眼睛红色；有白色纵纹从眼后延伸至肛前；头呈三角形，与颈区分明显，头背都是小鳞，只有鼻间鳞与眶上鳞略大。

[**生境与习性**]生活于海拔 2000 m 以下的山区溪沟边、草丛、灌木、竹林、岩壁或石上；以蛙、蜥蜴、鼠类为食；繁殖期为 8 月；卵胎生。

[**濒危和保护等级**]无危（LC）。

（七）蝰科 Viperidae

19. 白头蝰 *Azemiops kharini*

[鉴别特征] 管牙类毒蛇；体躯干及尾呈黑褐色，分布有十几条红色横纹；腹面藕褐色，前端有棕斑；头背淡棕灰色；头腹浅棕黑色，有白纹。

[生境与习性] 生活于海拔 2500 m 以下的丘陵及山区的草地和住宅附近；以食虫目、啮齿类和小型哺乳动物为食；繁殖期为 7—8 月；卵生。

[濒危和保护等级] 易危（VU）。

（八）眼镜蛇科 Elapidae

20. 银环蛇 *Bungarus multicinctus*

[**鉴别特征**] 前沟牙类毒蛇；头椭圆而略扁，吻端圆钝；鼻孔较大；眼小，瞳孔圆形；躯干圆柱形；尾短，末端略尖细；腹面黑色或黑褐色，全身背面有黑白相间的横纹。

[**生境与习性**] 生活于海拔 1300 m 以下的平原、丘陵、山地等地区，分布广泛；以鱼、鳝、泥鳅、蛙、蜥蜴、蛇、鼠等为食；繁殖期为 6—8 月；卵生。

[**濒危和保护等级**] 易危（VU）。

（八）眼镜蛇科 Elapidae

21. 舟山眼镜蛇 *Naja atra*

[鉴别特征] 前沟牙类毒蛇；体色暗褐色，背面有或无白色细横纹；受惊时颈背露出呈双圈的"眼镜"状斑纹；不同于眼镜王蛇，舟山眼镜蛇头背顶鳞正后方没有 1 对较大的枕鳞。

[生境与习性] 生活于海拔 70~1630 m 的平原、丘陵和低山的耕作区、路边、池塘附近、住宅院内；以鸟、鼠等为食；繁殖期为 6—8 月；卵生。

[濒危和保护等级] 易危（VU），浙江省重点保护野生动物。

（八）眼镜蛇科 Elapidae

22. 福建华珊瑚蛇 *Sinomicrurus kelloggi*

[鉴别特征] 前沟牙类毒蛇；头较小，与颈区分不明显，头背为黑色，有 2 条黄白色横纹，前条细，横跨两眼，后条较粗，呈倒"V"形；背鳞通身 15 行。

[生境与习性] 生活于海拔 300~1128 m 的山区森林中；以蛇和蜥蜴为食；卵生。

[濒危和保护等级] 易危（VU）。

（八）眼镜蛇科 Elapidae

23. 中华珊瑚蛇 *Sinomicrurus macclellandi*

[**鉴别特征**] 前沟牙类毒蛇；头背黑色，有 2 条黄白色横纹，前条细，后条宽大；背面红褐色；腹面黄白色，各腹鳞无或有长短不等的黑横斑；头背黑色，有黄白色的宽横斑。

[**生境与习性**] 生活于海拔 200~2400 m 的丘陵或山区森林；以小型蛇和蜥蜴为食；卵生。

[**濒危和保护等级**] 无危（LC）。

（九）钝头蛇科 Pareidae

24. 台湾钝头蛇 *Pareas chinensis*

[鉴别特征]无毒蛇；身体棕褐色，间以规则的黑色横斑；从头部眶后鳞和顶鳞向后各有 1 条黑色纹；2 条黑纹在颈部汇合成 1 条粗黑纹；瞳孔竖椭圆形；背鳞 15 行。

[生境与习性]生活于海拔 1900 m 以下的山区、溪流和耕地附近；以蜗牛以及蛞蝓等为食；卵生。

[濒危和保护等级]近危（NT）。

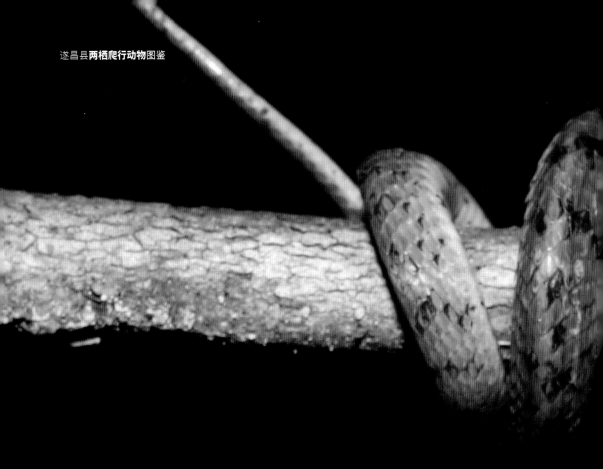

（九）钝头蛇科 Pareidae

25. 福建钝头蛇 *Pareas stanleyi*

[**鉴别特征**] 无毒蛇；体背黄褐色，散有黑色的细点，腹面浅黄色；头侧眼后有 1 条细纹延伸到颈部；头背部到颈部有整块的大黑斑，在颈后裂成 2 纵线纹；前额鳞入眶，无眶前鳞。

[**生境与习性**] 生活于海拔 700~1100 m 的山区、丘陵耕地；以蛞蝓、蜗牛等为食；繁殖期为 8 月；卵生。

[**濒危和保护等级**] 易危（VU）。

（十）水蛇科 Homalopsidae

26. 铅色水蛇 *Hypsiscopus plumbea*

[**鉴别特征**] 后沟牙类毒蛇；背部铅灰色，腹面污白色；尾下鳞边缘铅灰色；左右鼻鳞相连，鼻间鳞单枚；瞳孔椭圆形。

[**生境与习性**] 生活于海拔 1000 m 以下的水域、路边、草地或草堆中；以泥鳅、鱼、蛙等为食；繁殖期为 5—6 月；卵胎生。

[**濒危和保护等级**] 易危（VU）。

（十一）游蛇科 Colubridae

27. 双斑锦蛇 *Elaphe bimaculata*

[鉴别特征] 无毒蛇；头背灰褐色，有红褐色钟形斑；头侧有 1 黑纹自吻端经眼斜达口角，眼虹膜棕褐色，与穿过眼的斑纹颜色一致，上唇黄色；瞳孔圆形；正背有多数红褐色哑铃形斑横跨纵纹。

[生境与习性] 生活于海拔 2240 m 以下的平原、丘陵、低山的灌丛、草坡、坟地、路边、村舍等；以鼠类和蜥蜴为食；繁殖期为 7 月左右；卵生。

[濒危和保护等级] 无危（LC）。

（十一）游蛇科 Colubridae

28. 王锦蛇 *Elaphe carinata*

[**鉴别特征**] 无毒蛇；通身浅藕褐色，鳞间皮肤略黑；头背棕黄色，鳞沟色黑，形成黑色"王"字；枕后有 1 短纵纹；体后段及尾背由于所有鳞沟色黑而形成黑色网纹。

[**生境与习性**] 生活于海拔 100～2240 m 平原、丘陵、山区的灌丛、草坪、岩壁、农耕地、房舍等地；以鸟、蛇、鼠、蜥蜴、蛙等为食；繁殖期为 7 月左右；卵生。

[**濒危和保护等级**] 濒危（EN），浙江省重点保护野生动物。

（十一）游蛇科 Colubridae

29. 黑眉锦蛇 *Elaphe taeniura*

[**鉴别特征**]无毒蛇；身体和头背面为黄绿色，体前端有黑色条纹，体后有4条黑纵纹；腹面灰白色或淡黄色；眼后有1道粗黑的"眉"纹。

[**生境与习性**]生活于3000 m以下平原、丘陵、山区的路边、耕地、竹林、树上；以鼠、鸟、蛙等为食；繁殖期为4—8月；卵生。

[**濒危和保护等级**]易危（VU）。

（十一）游蛇科 Colubridae

30. 玉斑锦蛇 *Euprepiophis mandarinus*

[**鉴别特征**] 无毒蛇；体背黄褐色或灰色，有1行大的黑色菱形斑，斑点中心为黄色，斑点外缘为黄色；体侧有紫红色斑；腹面黄白色，散以左右交错排列的黑色方斑。

[**生境与习性**] 生活于海拔200～1400 m平原、丘陵、山地的林中、溪边、草丛、路边、居民点附近；以蜥蜴、鼠等为食；繁殖期为6—7月；卵生。

[**濒危和保护等级**] 易危（VU），浙江省重点保护野生动物。

（十一）游蛇科 Colubridae

31. 灰腹绿锦蛇 *Gonyosoma frenatum*

[**鉴别特征**]无毒蛇；体背深褐色，头背浅灰褐色，3条黄白纵线分别位于脊背和两侧；正背有若干暗褐色短斑；腹面黄白色，分布黑色的斑点。

[**生境与习性**]生活于海拔1800 m以下平原、丘陵、山地的林下、草原、田野、路边等地；以鼠、鸟、蛋、鱼、蛙以及蜥蜴为食；繁殖期为7—8月；卵生。

[**濒危和保护等级**]无危（LC）。

（十一）游蛇科 Colubridae

32. 锈链腹链蛇 *Hebius craspedogaster*

[**鉴别特征**]无毒蛇；体背黑褐色，两侧有浅黄色纵纹；腹面淡黄色，有腹链纹；头枕两侧有椭圆形黄斑，左右腹链之间无斑。

[**生境与习性**]生活于海拔 100~1800 m 的山区常绿阔叶林下，常在水域、路边、草丛、落叶丛中见其踪迹；以蛙、蝌蚪、鱼类为食；繁殖期为 6—7 月；卵生。

[**濒危和保护等级**]无危（LC）。

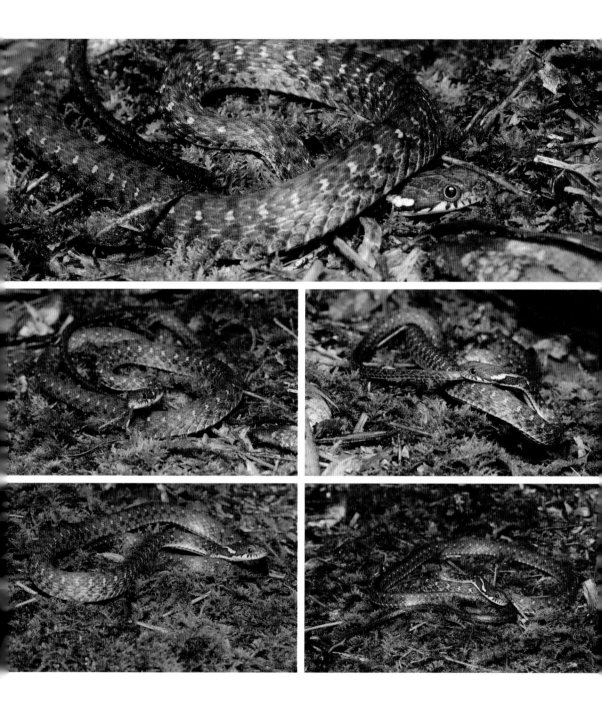

（十一）游蛇科 Colubridae

33. 黄链蛇 *Lycodon flavozonatus*

[**鉴别特征**]无毒蛇；体背黑褐色，黄色的窄横纹均匀排列其中；瞳孔直立椭圆形；腹面污白色；枕背有倒"V"形的黄色斑点。

[**生境与习性**]生活于海拔 600~1200 m 丘陵、山区的水域、草地、公路上；以鸟、蛇和蜥蜴为食；卵生。

[**濒危和保护等级**]无危（LC）。

（十一）游蛇科 Colubridae

34. 福清白环蛇 *Lycodon futsingensis*

[**鉴别特征**] 无毒蛇；体背棕色，间相排列着白色的环斑；上唇鳞白色；腹面灰白色；与黑背白环蛇的区别在于背鳞光滑，腹鳞和尾下鳞片较少；颊鳞至少一侧不入眶。

[**生境与习性**] 生活于海拔 800 m 以下平原、丘陵等靠近溪流的阔叶林中；以蛙、鼠、蜥蜴、蛇类等为食；卵生。

[**濒危和保护等级**] 近危（NT）。

（十一）游蛇科 Colubridae

35. 赤链蛇 *Lycodon rufozonatus*

[鉴别特征]无毒蛇；体背黑褐色，红色的窄条纹相间其中；腹面污白色；枕背有倒"V"形的红斑；瞳孔直立椭圆形，眶后鳞2枚。

[生境与习性]生活于海拔1800 m以下平原、丘陵以及山区的村舍和田野中；以蛙、蜥蜴、蛇、鼠以及鸟类等为食；繁殖期为5—6月；卵生。

[濒危和保护等级]无危（LC）。

（十一）游蛇科 Colubridae

36.黑背白环蛇 *Lycodon ruhstrati*

[**鉴别特征**]无毒蛇；体背黑褐色，枕部灰白色，背部白色条纹相间其中；中段以后散有黑点斑；腹面污白色；瞳孔直立椭圆形。

[**生境与习性**]生活于海拔 2000 m 以下的丘陵和山区石头上及石缝中；以蜥蜴、壁虎、昆虫等为食；卵生。

[**濒危和保护等级**]无危（LC）。

（十一）游蛇科 Colubridae

37. 中国小头蛇 *Oligodon chinensis*

[鉴别特征]无毒蛇；体背灰褐色，背上有相间排列的黑褐色粗条纹，粗条纹之间有黑色细条纹；腹面淡黄色；吻端背部有三角形的黑褐色斑点；头顶和颈部背面有黑褐色斑。

[生境与习性]生活于海拔 900 m以下的山区和平原地区；以爬行动物的卵为食；繁殖不详。

[濒危和保护等级]无危（LC）。

（十一）游蛇科 Colubridae

38. 台湾小头蛇 *Oligodon formosanus*

[**鉴别特征**] 无毒蛇；体背紫褐色，有些背部有黑褐色横纹或红褐色纵线；腹面黄白色；头背有倒"V"形斑纹；幼蛇为砖红色。

[**生境与习性**] 多生活于海拔 500 m 左右的山区、平原的石块和住宅附近；以爬行动物的卵为食；卵生。

[**濒危和保护等级**] 近危（NT）。

（十一）游蛇科 Colubridae

39. 红纹滞卵蛇 *Oocatochus rufodorsatus*

[鉴别特征] 无毒蛇；头体背面呈棕褐色，腹面为鹅黄色，向后为橘黄色；头背有 3 条倒 "V" 形褐色斑纹；背部有 4 条由红褐色点连成的纵纹和 3 条浅色纵纹；尾部无红褐色点。

[生境与习性] 生活于海拔 1000 m 以下丘陵和平原的溪流、水沟、坟堆等地；以昆虫、螺、鱼、蛙等为食；繁殖期为 7—9 月；卵胎生。

[濒危和保护等级] 无危（LC）。

（十一）游蛇科 Colubridae

40. 紫灰锦蛇 *Oreocryptophis porphyraceus*

[**鉴别特征**] 无毒蛇；全身淡褐色，身体侧面有 2 条纵线；尾巴背面有马鞍形状的斑点，斑边缘有暗褐色；头背部有 3 条黑粗纵线；瞳孔圆形。

[**生境与习性**] 生活于海拔 200～2500 m 的山区森林、溪边、路旁、住宅附近等；以小型哺乳动物为食；繁殖期为 6—7 月；卵生。

[**濒危和保护等级**] 无危（LC）。

（十一）游蛇科 Colubridae

41. 乌梢蛇 *Ptyas dhumnades*

[鉴别特征] 无毒蛇；幼体背部黄绿色，随着年龄的增长，体色逐渐暗淡，转为黄褐色；身体两侧各有 2 条黑线从颈部延伸到尾端；腹面前段白色或黄色，后段颜色逐渐加深；背部鳞片为偶数；瞳孔圆形。

[生境与习性] 生活于海拔 1600 m 以下山区、平原、丘陵的耕地、住宅附近；以鱼、蛙及小型哺乳动物为食；繁殖期为 5—7 月；卵生。

[濒危和保护等级] 易危（VU）。

（十一）游蛇科 Colubridae

42. 灰鼠蛇 *Ptyas korro*

[鉴别特征] 无毒蛇；背部棕褐色，腹面浅黄色；背部鳞片的边缘呈黑色，腹部两外侧鳞片较深；瞳孔圆形；头部椭圆形；幼体背部有白斑组成的环纹。

[生境与习性] 生活于海拔 1700 m 以下丘陵、平原、山林的路边、草丛、耕地、住宅等附近；以鱼、蛙、蜥蜴及小型哺乳动物为食；繁殖期为 5—6 月；卵生。

[濒危和保护等级] 易危（VU）。

（十一）游蛇科 Colubridae

43. 翠青蛇 *Ptyas major*

[**鉴别特征**] 无毒蛇；背面纯绿色，腹面浅黄绿色；瞳孔圆形；肛鳞二分；眼大；幼时体背有黑色斑点。

[**生境与习性**] 生活于海拔 1700 m 以下山区、平原和丘陵的耕地、竹木、石下、溪边及住宅附近等；以蚯蚓、昆虫幼虫等为食；卵生。

[**濒危和保护等级**] 无危（LC）。

（十一）游蛇科 Colubridae

44. 滑鼠蛇 *Ptyas mucosa*

[鉴别特征] 无毒蛇；背面棕褐色，有不规则的锯齿状黑色横纹；腹面浅黄色，腹部鳞片边缘呈黑色；瞳孔圆形；头部椭圆形；上、下唇鳞后缘均呈黑色。

[生境与习性] 生活于海拔 150～3000 m 山区、丘陵和平原的水源附近；食性广，以蛙、蜥蜴、蛇、鸟及鼠等为食；繁殖期为 5—7 月；卵生。

[濒危和保护等级] 濒危（EN），浙江省重点保护野生动物。

（十二）两头蛇科 Calamariidae

45. 钝尾两头蛇 *Calamaria septentrionalis*

[**鉴别特征**] 无毒蛇；体呈圆柱形，尾极短而末端圆钝。背部为褐色，泛青光，部分背鳞上有深黑色点；腹部朱红色，两外侧各有1深黑色点斑，缀连呈断续点线；颈侧各有1黄白色斑，尾基两侧也各有1黄白色斑，尾腹面正中有1条短黑色纵线。

[**生境与习性**] 生活于海拔300~1200 m 低山丘陵的路边、菜地；以蚯蚓或昆虫幼虫为食；卵生。

[**濒危和保护等级**] 无危（LC）。

（十三）水游蛇科 Natricidae

46. 草腹链蛇 *Amphiesma stolatum*

[**鉴别特征**] 无毒蛇；头背暗褐色略带红，吻端及上唇色白，部分上唇鳞沟色黑；头腹白色，偶有褐色点斑；鼻孔大而圆，鼻鳞下沟达第一上唇鳞；眼较大，瞳孔圆形。

[**生境与习性**] 生活于海拔 1880 m 以下平原、丘陵及低山地的河边、山坡、路旁、院内、耕地、稻田、谷草堆及住屋附近；以蛙类为食；繁殖期为 5—6 月；卵生。

[**濒危和保护等级**] 无危（LC）。

（十三）水游蛇科 Natricidae

47. 绞花林蛇 *Boiga kraepelini*

[鉴别特征]后沟牙类毒蛇；背面灰褐或浅紫褐色，躯尾正背有1行粗大而不规则镶黄边的深棕色斑；躯干甚长而略侧扁，尾细长；颞部鳞片较小，不成列；头背有深棕色尖端向前的"∧"形斑，始自吻端，分支达颌角。

[生境与习性]生活于海拔300~1100 m山区、丘陵的灌木或茶山矮树上；以鸟、鸟蛋及蜥蜴为食；卵生。

[濒危和保护等级]无危（LC）。

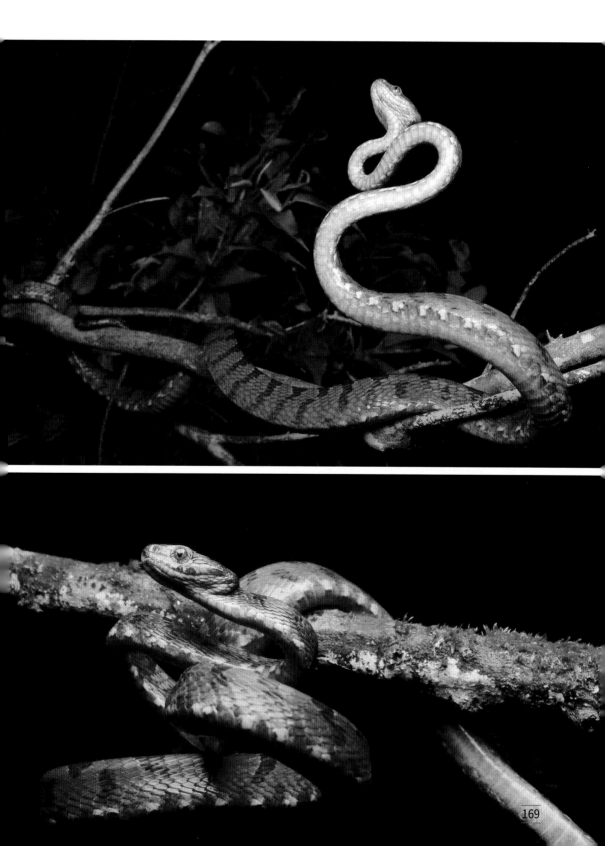

（十三）水游蛇科 Natricidae

48. 黄斑渔游蛇 *Fowlea flavipunctatus*

[鉴别特征]无毒蛇；身体背面多为黄褐色、黄绿色，部分体侧散以红色；体背有黑斑，交错成棋盘状；眼后方有黄斑，斑点两侧为黑色细纹；颈部有"V"形黑斑。

[生境与习性]生活于海拔1200 m以下的稻田、水塘等水源地；以蛙、鱼为食；繁殖期为5—7月；卵生。

[濒危和保护等级]无危（LC）。

（十三）水游蛇科 Natricidae

49. 挂墩后棱蛇 *Opisthotropis kuatunensis*

[**鉴别特征**] 无毒蛇；背部黄褐色，从颈部向后有 3 条纵纹；腹面黄白色；前额鳞 1 枚；眶后鳞 2 枚或 3 枚；背鳞有强棱。

[**生境与习性**] 生活于海拔 1200 m 以下的山区溪流或石头下；以鱼类或环节动物为食；卵生。

[**濒危和保护等级**] 无危（LC）。

（十三）水游蛇科 Natricidae

50. 山溪后棱蛇 *Opisthotropis latouchii*

[**鉴别特征**] 无毒蛇；体背橄榄绿色，尾背部有黑黄相间的纵纹；腹面浅黄色；前额鳞 1 枚；无前眶鳞；背鳞 17 行。

[**生境与习性**] 生活于海拔 600~1500 m 的溪水、石下、水沟或稻田中；以环节动物为食；繁殖期为 8 月；卵生。

[**濒危和保护等级**] 无危（LC）。

（十三）水游蛇科 Natricidae

51. 颈棱蛇 *Pseudagkistrodon rudis*

[鉴别特征] 无毒蛇；身体正腹面呈黄褐色，背上有 4~5 枚菱形黑褐色斑块；头呈三角形，瞳孔呈椭圆形；上唇向外倾斜；从吻端到颌角有 1 条黑色细线。

[生境与习性] 生活于海拔 600~
2650 m 的山区草丛、公路、石
堆中；以蛙、蟾蜍和蜥蜴为食；
繁殖期为 7—9 月；卵胎生。

[濒危和保护等级] 无危（LC）。

（十三）水游蛇科 Natricidae

52. 虎斑颈槽蛇 *Rhabdophis tigrinus*

[**鉴别特征**] 有毒蛇；身体背面为青绿色，颈部背面正中有颈槽；躯干前段从颈部开始有黑红相间的色块；眼正下方及斜后方各有 1 条粗黑纹；头腹面为白色。

[**生境与习性**] 生活于海拔 2200 m 以下靠近水源的农田、水沟、池塘等地；主要以鱼、蛙及蟾蜍为食；繁殖期为 6—7 月；卵生。

[**濒危和保护等级**] 无危（LC）。

（十三）水游蛇科 Natricidae

53. 环纹华游蛇 *Trimerodytes aequifasciatus*

[**鉴别特征**]无毒蛇；体背橄榄灰色，头背红褐色；有数十个红褐色的粗大色斑从颈后一直延伸到尾端，色斑中间为黄色；腹面白色，两侧排列着黑色方块状的色斑；虹膜为橙色。

[**生境与习性**]生活于海拔 2000 m 以下平原、丘陵或山区的溪流中；以鱼、蛙等为食；卵生。

[**濒危和保护等级**]近危（NT）。

（十三）水游蛇科 Natricidae

54. 赤链华游蛇 *Trimerodytes annularis*

[**鉴别特征**] 无毒蛇；头体背面橄榄灰色；体腹面为白色；体尾腹面为橘红色，有数十个方块状的色斑；背部有黑褐色的环纹；背部鳞片起褶明显。

[**生境与习性**] 生活于海拔 1100 m 以下平原、丘陵和山区的水源地附近；以鱼、蛙、蝌蚪等为食；繁殖期为 9—10 月；卵胎生。

[**濒危和保护等级**] 近危（NT）。

（十三）水游蛇科 Natricidae

55. 乌华游蛇 *Trimerodytes percarinatus*

[**鉴别特征**] 无毒蛇；体背面暗橄榄绿色；腹面白色；幼体体侧为橘红色，成体体侧为白色；唇鳞的鳞沟大多数不呈黑褐色；虹膜为浅橄榄绿色；尾部有几十条环纹。

[**生境与习性**] 生活于海拔 1700 m 以下平原、丘陵或山区的水源地附近；以鱼、蛙、蝌蚪等为食；繁殖期为 8—9 月；卵生。

[**濒危和保护等级**] 近危（NT）。

（十四）斜鳞蛇科 Pseudoxenodontidae

56. 横纹斜鳞蛇 *Pseudoxenodon bambusicola*

[**鉴别特征**] 无毒蛇；背部黄褐色，黑色的横纹相间排列其中；腹面黄白色；两侧的背鳞斜形排列；头背部有黑色的箭形斑纹，向后分裂成纵线，延伸到体背形成环。

[**生境与习性**] 生活于海拔 1200 m 以下的山区森林、草丛和溪流附近；主要以蛙类为食；卵生。

[**濒危和保护等级**] 无危（LC）。

（十四）斜鳞蛇科 Pseudoxenodontidae

57. 纹尾斜鳞蛇 *Pseudoxenodon stejneger*

[鉴别特征]无毒蛇；背部颜色变化多样，体背花纹从身体后段汇合成两侧镶黑色的浅色纵纹；腹部前段为灰白色，有黄褐色方斑，到后段颜色逐渐加深；瞳孔圆形。

[生境与习性]生活于海拔 400~1200 m 的山区水源旁；以蛙类为食；卵生。

[濒危和保护等级]无危（LC）。

（十五）剑蛇科 Sibynophiidae

58. 黑头剑蛇 *Sibynophis chinensis*

[**鉴别特征**] 无毒蛇；体背棕褐色，颈后有 1 条黑色纵线；腹面白色，每一个腹鳞片外侧有黑点斑，斑点缀连成链纹；尾下的纵链纹几乎连成实线；上唇鳞白色，有 10 枚。

[**生境与习性**] 生活于海拔 150~2000 m 潮湿山区、丘陵的路边、石堆附近；以蛙、蜥蜴、蛇等为食；卵生。

[**濒危和保护等级**] 无危（LC）。

（十六）闪鳞蛇科 Xenopeltidae

59. 海南闪鳞蛇 *Xenopeltis hainanensis*

[**鉴别特征**] 无毒蛇；体背面为蓝褐色，鳞间有白色纵纹；头腹面浅褐色；太阳照射下的鳞片具有光泽；无颊鳞。

[**生境与习性**] 生活于海拔 800 m 以下的平原、丘陵等草地和林区；以蛙类、蚯蚓等为食；卵生。

[**濒危和保护等级**] 无危（LC）。

参考文献

丁国骅，胡华丽，陈静怡，2022. 华东地区两栖动物野外识别手册 [M]. 北京：中国农业科学技术出版社 .

江建平，谢锋，2021. 中国生物多样性红色名录：脊椎动物　第四卷　两栖动物 [M]. 北京：科学出版社 .

王剀，任金龙，陈宏满，等，2020. 中国两栖、爬行动物更新名录 [J]. 生物多样性，28(2): 30.

王跃招，李家堂，蔡波，2021. 中国生物多样性红色名录：脊椎动物　第三卷　爬行动物 [M]. 北京：科学出版社 .

张孟闻，1998. 中国动物志　爬行纲　第一卷　总论　龟鳖目　鳄形目 [M]. 北京：科学出版社 .

赵尔宓，赵肯堂，周开亚，等，1999. 中国动物志　爬行纲　第二卷　有鳞目　蜥蜴亚目 [M]. 北京：科学出版社 .

赵尔宓，2006. 中国蛇类：上册 [M]. 合肥：安徽科学技术出版社 .

赵尔宓，2006. 中国蛇类：下册 [M]. 合肥：安徽科学技术出版社 .

UETZ P, FREED P, AGUILAR R, et al. The Reptile Database [DB/OL]. (2022-03-11) [2022-03-15]. http://www.reptile-database.org/.

中文名索引

拉丁名索引